Extrait du MONDE DES PLANTES

CATALOGUE

DES PLANTES CROISSANT DANS LES GOUVERNEMENTS

DE

WOLOGDA ET D'ARCHANGEL

PAR

N. IVANITZKY

MEMBRE ACTIF DE LA SOCIÉTÉ IMPÉRIALE DES NATURALISTES
DE MOSCOU
ASSOCIÉ LIBRE DE L'ACADÉMIE INTERNATIONALE
DE GÉOGRAPHIE BOTANIQUE
LAURÉAT DE LA MÊME ACADÉMIE

MONOPÉTALES & APÉTALES

MONOCOTYLÉDONES ET CRYPTOGAMES VASCULAIRES

PRIX : **Deux francs**

PARIS
NOUVELLE LIBRAIRIE MÉDICALE ET SCIENTIFIQUE
JACQUES LECHEVALIER
23, RUE RACINE, 23

1894

CATALOGUE
DES PLANTES CROISSANT DANS LES GOUVERNEMENTS
DE
WOLOGDA & D'ARCHANGEL

MONOPÉTALES & APÉTALES
MONOCOTYLÉDONES ET CRYPTOGAMES VASCULAIRES

XL CAPRIFOLIACEAE.

1. **Adoxa Moschatellina** L. Toute la région jusqu'à Ponoj, Archangel, Kanin, Kalgoujew, Mezen, Oust-Tsylma. Forêts. V, VI.

2. **Sambucus nigra** L. Cultivé dans les jardins.

3. **S. racemosa** L. Partie sud du district d'Oustssyssolsk et les bords de la Petschora dans le gouvern. de Wologda. — Cultivé aussi souvent dans les jardins. VI, VII.

4. **Viburnum Opulus** L. Jusqu'à Schenkoursk, fréq. Forêts. Indiqué près Archangel (Beketoff) dub. VI.

5. **Lonicera coerulea** L. Toute la région jusqu'à Imandra, Ponoj, Archangel, Mezen, Oust-Tsylma, Ourals (66 1/2°). Forêts, très fréq. V, VI.

6. **Lon. Xylosteum** L. Toute la région jusqu'à Schenkoursk. Toute la Laponie. Forêts, fréq. V.

7. **Lon. tatarica** L. Cultivé dans les jardins.

8. **Linnaea borealis** Gron. Toute la région jusqu'à Kola, Onéga, Archangel, Mezen, Indiga, Ourals (63°). Forêts, très fréq. VI.

XLI RUBIACEAE.

1. **Asperula odorata** L. Wologda et Grjazowets. Forêts ombragées, rare. VI.

2. **Galium palustre** L. Toute la région jusqu'à Kola, Archangel, Mezen. Prés marécageux, bords des ruisseaux, fréq. VI, VII.

3. **G. trifidum** L. Toute la région jusqu'à Kola et Archangel, mais pas fréq. Marais. VI.

4. **G. boreale** L. Toute la région jusqu'à Kola, Solowetsk, Archangel, Mezen, Indiga, Ourals (68°); bords des ruisseaux, fréq. VI. VII.

V. HYSSOPIFOLIUM. Partout.

5. **G. rubioides** L. Toute la région jusqu'à Archangel. Prés humides. VI, VII.

6. **G. triflorum** Mich. Bords de la Dwina, rare. VI.

7. **G. Aparine** L. Toute la région jusqu'à Archangel, mais pas si fréq. Bords des ruisseaux, près des habitations. VI, VII.

8. **G. uliginosum** L. Toute la région jusqu'à Kola, Archangel, Mezen, Indiga, Ourals (67 1/2°). Marais, prés humides. V, VI.

9. **G. verum** L. Wologda, Kadnikow, Grjazowets; champs, rare. VI, VII.

V. OCHROLEUCUM Wolf. Grjazowets.

10. **G. Mollugo** L. Toute la région jusqu'à Oumba, Onéga, Archangel. Dans les buissons, lisières, fréq. VI, VII.

V. OCHROLEUCUM, Wologda, Welsk.

11. **G. silvaticum** L. Nikolsk, près de la ville. VI.

XLII VALERIANEAE.

1. **Valeriana officinalis** L. Toute la région jusqu'à Kola, Mezen, Ourals (63°). Bords des ruisseaux, prés humides, fréq. V-VII.

2. **V. capitata** Pall. Le haut nord : Ponoj, Kanin, Indiga, Kalgoujew. Nowaja-Zemlja, Ourals, jusqu'au gouvern. de Perm. Bords des rivières. VI, VII.

XLIII DIPSACEAE.

1. **Knautia arvensis** Coult. Toute la région jusqu'à Archangel, mais non partout. Prés. VI-IX. Var. INTEGRIFOLIA Coult et CAMPESTRIS And.

2. **Scabiosa Succisa** L. Toute la région jusqu'à Archangel. Prés, lisières. VII-IX.

XLIV COMPOSITAE

1. **Nardosmia laevigata** DC. Partie orientale du district d'Oustssyssolsk : bords sablonneux de Wytschegda, Petschora et petites rivières : Woja, Soplas, etc., fréq. VI.

2. **Nard. frigida** Hook. Toute la région de Grjazowets jusqu'à Nowaja-Zemlja. Tourbières, dans les buissons, fréq. IV, V.

3. **Nard. straminea** Cass. Entre Pinega et Mezen (Rupr.). Le rivage de l'Océan.

4. **Petasites niveus** Cass. Bords de Mezen et près d'Archangel (Rupr.).

5. **Pet. spurius** Rchb. De Totma jusqu'à Schenkoursk. Bords des rivières : Souchona, Joug, Luza, Dwina, Wel, Waga, Wytschegda et Petschora. Fréq. V.

6. **Tussilago Farfara** L. Toute la région jusqu'à Kola, Solowetsk, Archangel, Mezen, Petschora. Bords des rivières, très fréq. IV, V.

7. **Aster alpinus** L. Bords de Schtschugor et Podtscherem, monts d'Ourals, fréq. VI.

8. **Ast. tataricus** L. Bords du lac Imandra (Nylander).

9. **Ast. sibiricus** L. Bords de Wym (distr. Jarensk) (Snjatkoff); Oustsysolsk (Popoff). VI.

10. **Ast. Amellus** L. Bords de Syssola, près Wilgort (Lepechin).

11. **Ast. Tripolium** L. Kandalakscha; île Jagry et Teletzky; Kanin, Solowetsk. VI.

12. **Erigeron canadensis** L. Nikolsk (dans l'herbier de Potanin); non vid. Archangel (Bohuslav), non vid.

13. **Er. elongatus** Led. Bords de Schtschugor (Rupr.).

14. **Er. acer** L. Toute la région jusqu'à Archangel et Mezen. Prés secs, fréq. VI,

V. DROEBACHENSIS Mill. Wologda, Kadnikow.

15. **Er. alpinus** L. Le haut nord : Kola, Terre des Samojèdes, Kalgoujew, Nowaja-Zemlja.

16. **Er. uniflorus** L. Bords d'Oussa (Rupr.).

17. **Bellis perennis** L. Cultivé dans les jardins et souvent comme une plante sauvage. VI.

18. **Solidago Virga aurea** L. Toute la région jusqu'au rivage de l'Océan. Prés secs, collines, lisières, très fréq. VI, VII.

V. ARCTICA. Près Kola.

19. **Inula Helenium** L. Cultivé dans les jardins en Wologda et Grjazowets et dans les villages.

20. **In. salicina** L. Bords de Souchona, Waga et Wytschegda (!), Archangel (Beketoff) non vid. VI, VII.

21. **In. Britannica** L. Toute la région jusqu'à Archangel. Bords des rivières, très fréq. VI. VII.

22. **Helianthus annuus** L. Cultivé dans les jardins potagers.

23. **Bidens tripartitus** L. Toute la région jusqu'à Archangel, Prés humides, marais, fréq. VII-X.

V. TRISECTUS et LOBATUS.

24 **Bid. cernuus** L. Idem. Var. MINIMA Led. Wologda.

25. **Bid. radiatus** Thuill. Kadnikow, près de la ville (!), Archangel (Kouznetzoff.) VII, VIII.

26. **Anthemis tinctoria** L. Toute la région jusqu'à Archangel. Pâtis, collines, pas fréq. VI-VIII.

V. MONANTHA M. a B.

27. **Ptarmica vulgaris** Clus. Toute la région jusqu'à Archangel. Bords des routes, lisières, V-X.

28. **Pt. cartilaginea** Led. Idem.

29. **Achillea Millefolium** L. Toute la région jusqu'à Mourman, Onéga, Archangel, Terre des Samojèdes, Mezen, Kalgoujew. Petschora, Ourals (67°). Prés, bords des rivières et des routes, très fréq. V-X.

30. **Leucanthemum arcticum** DC. Mourman jusqu'à Ponoj.

31. **L. sibiricum** DC. Bords de Schtschugor et Kouloj (Mezen) (Rupr.).

32. **L. vulgare** Lam. Toute la région jusqu'à Kandalakscha, Onéga. Archangel. Prés, forêts. VI, VII.

33. **Matricaria discoidea** DC. Wologda, dans la ville même. VIII.

34. **M. Chamomilla** L. Wologda, quelquefois près des habitations. VII.

35. **M. inodora** L. Toute la région, sans exclure le haut nord et Nowaja-Zemlja. Champs, bords des routes, dans les cours, fréq. VI-X.

36. **Pyrethrum bipinnatum** Willd. Le haut nord, sans exclure Nowaja-Zemlja; bords de Petschora vers le sud jusqu'au gouvern. de Perm. VI. VII.

37. **Artemisia borealis** Pall. Le haut nord : Wajgatsch, Nowaja-Zemlja.

38. **Art. procera** Willd. Cultivé dans les jardins.

39. **Art. vulgaris** L. Toute la région jusqu'à Archangel et Mezen. Près des habitations, lieux incultes. VII, VIII.

40. **Art. Absinthium** L. Wologda, Grjazowets, Kadnikow, très rare. VII.

41. **Art. norwegica** Fries var. URALENSIS Rupr. Bords de Chalmer-Sale (Jurals) (Rupr.). VIII.

42. **Tanacetum vulgare** L. Toute la région jusqu'à Kola, Solowetsk, Archangel, Kanin, Petschora. Champs, près d'habitation, très fréq. VII, VIII.

43. **Gnaphalium uliginosum** L. Toute la région jusqu'à Archangel. Marais. VI-IX.

V. PILULARE Wahl. Kandalakscha

44. **Gn. silvaticum** L. Toute la région jusqu'à Kola, Solowetsk, Archangel. Forêts. VI, VII.

45. **Gn. supinum** L. Laponie, Indiga, Kanin, Kalgoujew. VIII.

46. **Gn. norvegicum** Gunn. Mourman. Ourals. VIII.

47. **Antennaria alpina** R. Br. — Laponie (Fellm).

48. **Ant. dioica** Gärtn. — Toute la région jusqu'au rivage de l'Océan. Ourals (47°); collines sèches, très fréq. V, VI.

49. **Ant. carpatica** Bluff et Fing. — Nowaja-Zemlja (Trautv.). Bords de Kara; Ourals (68°).

50. **Filago arvensis** L. — Vers le nord jusqu'à Welsk. Bords des rivières, lisières, bords des routes, pas fréq. VII, VIII.

51. **Ligularia sibirica** Cass. — Toute la région jusqu'à Mourman, Archangel, Petschora, Ourals (65°). Marais, VII, VIII.

52. **Arnica alpina** Laest. — Nowaja-Zemlja (Kjellm).

53. **Cacalia hastata** L. — Vers l'occident jusqu'à Schenkoursk (bords de Waga); vers le nord : Archangel, Terre des Samojèdes, Ijma; vers le sud 60°. Bords des rivières, lisières, assez fréq. VII.

54. **Senecio vulgaris** L. — Toute la région jusqu'à la Laponie, Archangel. Collines, près d'habitations, fréq. VI-VIII.

55. **Sen. resedifolius** Less. — Nowaja-Zemlja ; Ourals.

56. **Sen. frigidus** Less. — Le haut nord : Terre des Samojèdes, Waigatsch, Nowaja-Zemlja.

57. **Sen. Jacobæa** L. — Wologda, Kadnikow, très rare. VI.

58. **Sen. paludosus** L. — Wologda, Kadnikow, Totma ; bords des rivières, rare. VII, VIII. V. HYPOLEUCUS Led. Wologda, les bords de Wologda (!), Schenkoursk et Kholmogory (Kouznetzoff) ; V. LATIFOLIA, près d'Archangel (Rupr.).

59. **Sen.sarracenicus** L. Wologda (Snjatkoff) ; Oustssyssolsk (!). Rare. VII.

60. **Sen. nemorensis** L. — Gouvern. d'Archangel, fréq. jusqu'aux bords de l'Océan. Var. OCTOGLOSUS DC. Bords de Wytschegda (!).

61. **Sen. campestris** DC. — Le haut nord : bords de l'Océan et de la mer Blanche. Monts d'Ourals jusqu'à 68°. VII.

62. **Sen. palustris** DC. — Le haut nord : Kanin, Kalgoujew, Terre des Samojèdes, Nowaja-Zemlja.

63. **Saussurea alpina** DC. — Kadnikow, rare ; Jarensk ; Ourals jusqu'à 67°. Vers le nord : tout le gouvern. d'Archangel, sans exclure le haut nord, excepté Nowaja-Zemlja. Lieux humides. VII.

64. **Carlina vulgaris** L. — Partie occidentale du gouv. de Wologda, collines sèches, bords des routes, assez fréq. VI-VIII.

65. **Centaurea Jacea** L. — Toute la région jusqu'à Archangel ; prés, lisières. VI. VII.

66. **Cent phrygia** L. — Toute la région jusqu'à Onega et Archangel. Prés. VI, VII.

67. **Cent. sibirica** Pall.— Bords de Wizinga distr.Oustssyssolsk (Lepechin).

68. **Cent. Cyanus** L. — Toute la région jusqu'à Onega et Archangel. Dans les moissons, très fréq. VI-X.

69. **Cent. Scabiosa** L. — Toute la région jusqu'à Archangel. Bords des routes, fossés. VII-IX.

70. **Carduus crispus** L. — Toute la région jusqu'à Kola, Kandalakscha, Archangel. Prés humides. VI.

71, **Cirsium lanceolatum** Scop. — Vers le nord jusqu'à Schenkoursk. Bords des routes, rivières, près d'habitations. VII, VIII.

72. **C. palustre** Scop. — Toute la région jusqu'à Kola, Kem, Archangel. Prés humides. VII, VIII.

73. **C. arvense** Scop. — Toute la région jusqu'à Onéga, Archangel, Mezen, Petschora. Jardins, près d'habitations, VII, VIII. V. HORRIDUM Koch ; MITE Koch ; SETOSUM M. B.

74. **C. oleraceum** Scop. — Vers le nord jusqu'à Schenkoursk. Bords des ruisseaux. VII, VIII.

75. **C. heterophyllum** All. — Toute la région jusqu'à Mour-

man, Mezen, Petschora. Ourals (63 1/3°). Lisières, forêts, fréq. VII, VIII.

76. **C. acaule** All. — Mezen, Terre des Samojèdes (Schrenk).

77. **Lappa major** Gärtn. — Wologda, Kadnikow, rare (!). Archangel (Beketoff). VII, VIII.

78. **L. minor** DC. — Kadnikow (!), Archangel (Beketoff).

79. **L. tomentosa** Lam. — Partie occidentale du gouvern. de Wologda. Lieux incultes. VII, VIII.

80. **Serratula tinctoria** L. — Wologda (Fortounatoff), Oustssyssolsk (Lepechin). Non vid.

81. **Jurinea Pollichii** DC. — Gouvern. Wologda (Lepechin). Non vid. (Ledebour II, 764).

82. **Lampsana communis** L. — Toute la région jusqu'à Archangel. Pâtis, forêts. VII.

83. **Cichorium Intybus** L. — Wologda, bords de Schograsch, 1 fois. VI.

84. **Hypochæris maculata** L. — Bords de la Dwina dans le gouvern. d'Archangel (!). Forêts. VII.

85. **Leontodon hastilis** L. v. HISPIDUS L. — Wologda. Grjazowets, Kadnikow et Nikolsk ; forêts. VI.

86. **L. autumnalis** L. — Toute la région jusqu'à Kandalakscha ; bords des routes et des rivières, très fréq. VI-X.

V. PRATENSIS Koch. Jusqu'à Mezen.

87. **Tragopogon pratensis** L. — Seulement près Wologda, très rare. VI.

88. **Scorzonera humilis** L. — Près Wologda (Fortounatoff;) Oustssyssolsk (Lepechin). Non vid.

89. **Picris hieracioides** L. — Toute la région jusqu'à Archangel, vers l'orient. — Jarensk. Pâtis. VII.

90. **Lactuca sativa** L. — Cultivé dans les jardins potagers.

91. **L. Scariola** L. — Seulement près Wologda, rare. VII.

92. **Taraxacum officinale** Wigg. — Toute la région jusqu'au rivage de l'Océan. Prés ; très fréq. V-IX.

V. ARCTICA Traut. Nowaja-Zemlja.

93. **T. ceratophorum** Led. — Oustssyssolsk, bords de Petschora. VI, VII.

94. **T. phymatocarpum** Fries. — Nowaja-Zemlja.

95. **Crepis tectorum** L. — Toute la région jusqu'au rivage de l'Océan ; prés, pâtis, très fréq. VI, VII.

V. MICROCEPHALA Rupr. Wologda ; PARVIFLORA. — Petschora ; NIGRICANS Rupr. Oumba.

96. **Cr. biennis** L. — Bords de Petschora et de Schtschugor (Ourals).

97. **Cr. præmorsa** Tausch. — Bords de Souchona, près Oustjoug, fréq. (!), Wologda (Fortounatoff), non vid. Archangel (Bohuslav), non vid. VI.

97. **Cr. chrysantha** Turcz. — Mourman (îles de Jokonga) (!), Terre des Samojèdes.

99. **Cr. sibirica** L. — Toute la région jusqu'à Indiga; Ourals (63 1/3°); lisières, bords des rivières, assez fréq. VI, VII.

100. **Cr. paludosa** Moench. — Toute la région jusqu'à Archangel. Ourals (62 1/4°). Marais forestiers, très fréq. VI-VIII.

101. **Sonchus oleraceus** L. — Gouvern. de Wologda jusqu'à Welsk; gouvern. d'Archangel indiqué près Kola (Fellm.); près des habitations, fréq. VII, VIII.

102. **S. asper** Vill. — Toute la région jusqu'à Archangel. Lieux humides, jardins; assez fréq. VII, VIII.

103. **S. arvensis** L. — Toute la région jusqu'à Kola. Solowetsk, Archangel. Indiga; pâtis, jardins potagers, fréq. VII, VIII.

V. LÆVIPES (*Sonchus uliginosus* Rupr.), Wologda.

104. **S. paluster** L. — Gouvern. de Wologda jusqu'à l'Oustjoug. Bords des rivières, pas fréq. VII.

105. **Mulgedium alpinum** Less. — Partie occidentale de la Laponie jusqu'à Kola (Fellm.).

106. **M. tataricum** DC. — Distr. Kholmogory (Kouznetzoff). VII.

107. **M. sibiricum** Less. — Toute la région jusqu'à Touloma et Archangel. Bords des rivières. VI, VII.

108. **Hieracium Pilosella** L. — Toute la région jusqu'au rivage de l'Océan; petites forêts, bords des routes, très fréq. VI-VIII.

109. **H. stoloniflorum** W. et Kit. — Wologda, Grjazowets, rare. VII.

110. **H. auriculæforme** Fr. — Wologda, Grjazowets, Kadnikow, bords des rivières. VI.

111. **H. Auricula** L. — Toute la région jusqu'à Kola, prés, lisières, très fréq. VI, VII.

V. MAJUS Meinsh. Wologda.

112. **H. præaltum** Vill. — Toute la région jusqu'à Archangel; prés, forêts. VI-VIII.

113. **H. Nestleri** Vill. — Toute la région jusqu'à Schenkoursk. Collines. VI, VII.

114. **H Vaillantii** Tausch. — Tout le gouvern. de Wologda. Collines. VI, VII.

115. **H. cymosum** Fries. — *Idem.*

116. **H. pratense** Tausch. — Toute la région jusqu'à Kola. Prés et forêts. VI.

117. **H. aurantiacum** L. — Wologda et Jarensk (près Seregowo) (Snjatkoff). VII.

118. **H. vulgatum** Fries. — Toute la région jusqu'au rivage de l'Océan. Vers l'orient, Indiga. Forêts. VI, VII.

119. **H. murorum** L. — Toute la région jusqu'à Mourman, Solowetsk, Archangel, Ourals (61°). Fréq. VI-VIII.

V. SILVATICUM L. V. ALPESTRE Gries. Petschora.

120. **H. alpinum** L. — Laponie; Indiga, Oussa, Ourals (63°).

V. MELANOCEPHALUM Fr., v. *uliginosum* Laesl.

121. **H. boreale** Fries. — Toute la région jusqu'à Kola. Prés humides. VII, VIII.

122. **H. rigidum** Hartm. — Bords de Petschora. VII.

123. **H. umbellatum** L. — Toute la région jusqu'à Kola. Collines sèches, forêts. VI, VII.

V. ANGUSTIFOLIUM Distr. d'Oustssyssolsk.

124. **H. glomeratum** Froel. — Toute la région jusqu'à Schenkoursk et Jarensk. Prés. VI, VII.

125. **H. suecicum** Fries. — Wologda, Grjazowets, Nikolsk, Petschora; forêts. VI, VII.

126. **H. cæsium** Fries. — Toute la région jusqu'au rivage de l'Océan. VI, VII.

127. **H. plumbæum** Fries. — Schenkoursk (Kouznetzoff). VI.

XLV. CAMPANULACEÆ.

1. **Lobelia Dortmannii** L. — Distr. Solwytschegodsk, dans les eaux de la Dwina (Lepechin); non vid.; Archangel (Beketoff); non vid.

2. **Campanula Scheuchzeri** Vill. (*C. linifolia* Lam.). — La partie nord du gouvern. de Wologda : Welsk, Jarensk (Seregowo); Oustssyssolsk, Petschora; dans tout le gouvern. d'Archangel jusqu'au rivage de l'Océan. Forêts. VII.

3. **C. rotundifolia** L. — Toute la région jusqu'à Kola, Archangel, Indiga. Prés; assez fréq. VI, VII.

V. UNIFLORA Gort. Bords de Petschora; Nowaja-Zemlja (*C. uniflora* L.?); v. LINIFOLIA Wg. Nowaja-Zemlja.

4. **C. Trachelium** L. — Dans le gouvern. de Wologda jusqu'à l'Oust-Wym (distr. Jarensk); forêts. VI.

5. **C. latifolia** L. — Presque tout le gouvern. de Wologda, bords des rivières forestières, pas fréq. VII, VIII.

V. ALBIFLORA, près Nikolsk (fleurs tout à fait blanches).

6. **C. patula** L. — Toute la région jusqu'à Archangel. Prés; très fréq. V-IX.

7. **C. persicifolia** L. — Gouvern. de Wologda jusqu'à Oustjoug. Prés secs, collines, lieux sablonneux. VI, VII.

8. **C. Cervicaria** L. — Toute la région jusqu'à Archangel; forêts sèches. VI, VII.

9. **C. glomerata** L. — Idem. Prés secs, collines; très fréq. VI, VII.

XLVI. ERICACEÆ.

1. **Vaccinium Myrtillus** L. — Toute la région jusqu'au rivage de l'Océan, excepté Nowaja-Zemlja. Ourals (66 1/2°). Forêts, très fréq. V.

2. **V. uliginosum** L. — Toute la région jusqu'au rivage de l'Océan; Tourbières; très fréq. V.

3. **V. Vitis idæa** L. — Toute la région jusqu'à Mourman, Terre des Samojèdes. Ourals (66 3/4°). Forêts, très fréq. V. v. PUMILA Horn. Nowaja-Zemlja.

4. **Oxycoccos palustris** Pers. — Toute la région jusqu'à l'Oumba, Peza, Kolwa, tourbières couvertes de mousses, très fréq. VI.

5. **Ox. microcarpa** Turcz. — Welsk, près de la ville (!); tout le gouvern. d'Archangel jusqu'au rivage de l'Océan. VI.

6. **Arctostaphylos alpina** Spr. — Gouvern. de Wologda seulement, les bords de Petschora. Dans tout le gouvern. d'Archangel, lieux sablonneux. VI.

7. **Arct. officinalis** W. et Gr. — Toute la région jusqu'à Mourman, Archangel, Peza, Indiga, Petschora. Forêts sèches. VI.

8. **Andromeda polifolia** L. — Toute la région jusqu'à Mourman, Mezen, Petschora, Ourals (67°). Tourbières, très fréq. V, VI.

9. **A. calyculata** L. — Idem.

10. **Cassiope hypnoides** Don. — Ile Kildin (Laponie); monts Khibing; Kanin, Ourals (66 1/2°).

11. **Cass. tetragona** L. — Laponie; Terre des Samojèdes (Fellm., Schrenk).

12. **Calluna vulgaris** Salisb. — Toute la région jusqu'à Kola et Mezen; Ourals. Tourbières. VI, VII.

13. **Phyllodoce taxifolia** Salisb. — Mourman, Imandra, Kanin.

14. **Loiseleuria procumbens** Desv. — Mourman jusqu'à Ponoj; Kanin. Ourals.

15. **Ledum palustre** L. — Toute la région jusqu'à Mourman, Terre des Samojèdes, Petschora, Ourals (67°). Tourbières, très fréq. V, VI.

16. **Pirola rotundifolia** L. — Toute la région jusqu'à Kola, Terre des Samojèdes, Kalgoujew, Indiga, Ourals (67 1/2°). Forêts, très fréq. VI.

17. **P. media** Swartz. — Wologda, Grjazowets, Solwytschegodsk, forêts, rare. VI. VII.

18. **P. minor** L. — Toute la région, sans exclure le haut nord et Nowaja-Zemlja. Forêts, très fréq. VI. VII.

19. **P. uniflora** L. — Toute la région jusqu'à Kola, Solowetsk, Archangel, Kalgoujew. Forêts, VI, VII.

20. **Ramischia secunda** L. — Toute la région jusqu'à Kola, Solowetsk, Terre des Samojèdes. Forêts, très fréq. VI.

21. **Chimophila umbellata** Nutt. — Distr. Wologda, très rare. VII.

22. **Monotropa Hypopitis** L. v. HIRSUTA Koch. — Wologda, Nikolsk. Forêts Rare. VII.

XLVII LENTIBULARIEAE.

1. **Utricularia vulgaris** L. — Toute la région jusqu'au rivage de la mer Blanche ; dans les lacs et les marais, fréq. VII.

2. **U. intermedia** Hayne. — Toute la région jusqu'au rivage de la mer. Dans les étangs et fossés. VII.

3. **U. minor** L. — Kadnikow, bords de Koubena, dans les fossés.

4. **Pinguicula vulgaris** L. — Laponie, Archangel, Mezen. Ourals (67°), Petschora (gouvern. de Wologda). VII, VIII.

5. **P. alpina** — Gouvern. d'Archangel : Kandalakscha, Imandra, Kalgoujew, Terre des Samojèdes.

6. **P. villosa** L. — Laponie et les bords de la mer Blanche.

XLVIII PRIMULACEAE.

1. **Hottonia palustris** L. — Wologda, très rare (!), Archangel (Bohuslav).

2. **Primula farinosa** L. — Mourman, fréq., Archangel, Waigatsch. VII.

3. **Pr. stricta** Horn. — Le haut nord : Kalgoujew, Kanin, Nowaja-Zemlja. Bords de Schtschugor et Podtscherem (en gouvern. de Wologda). VI, VII.

4. **Pr. sibirica** Jacq. — Kandalakscha, Solowetsk, Archangel, Kanin. Lieux humides. VI.

5. **Androsace triflora** Adams var. PILOSA Kjellm. — Nowaja-Zemlja (Kjellm).

6. **A. Chamaejasme** Koch. — Le haut nord : Terre des Samojèdes, Nowaja-Zemlja, Kara, Ourals. VI.

7. **A. septentrionalis** L. — Près l'Oustjoug; près Ponoj ; Terre des Samojèdes. Collines. V, VI.

V. CILIATA Trautv. — Nowaja-Zemlja.

8. **A. filiformis** Retz. — Toute la région jusqu'à Schenkoursk. Bords des routes, petites forêts humides, très fréq. V, VI.

9. **Cortusa Matthioli** L. — Dans le gouvern. de Wologda près Krasnoborsk et vers l'orient jusqu'à l'Oural. Gouvernement d'Archangel jusqu'à Terre des Samojèdes. VI.

V. PUMILA Horn. — Nowaja-Zemlja.

10. **Glaux maritima** L. — Golfe de Kandalakscha, Kem, Solowetsk. Bords de la mer.

11. **Trientalis europaea** L. — Toute la région jusqu'au rivage de l'Océan. Ourals jusqu'à 67°. Forêts, très fréq. V, VI.

V. OBTUSATA Fr. — Bords de la mer; v. HUMILIS Hook. Nowaja-Zemlja (73 1/2°).

12. **Lysimachia tyrsiflora** L. — Toute la région jusqu'à l'Oumba, Solowetsk, Archangel. Bords des marais, très fréq. VI, VII.

13. **L. vulgaris** L. — Toute la région jusqu'à Kowda et Archangel. Bords des rivières, lisières; fréq. VI, VII.

14. **L. Nummularia** L. — Toute la région jusqu'à Archangel. Bords des rivières, prés humides, fréq. VII, VIII.

XLIX OLEACEAE.

1. **Syringa vulgaris** L. — Cultivé dans les jardins jusqu'à Welsk et l'Oustjoug. V. VI.

2. **Fraxinus excelsior** L. — Grjazowets, Kadnikow, un buisson.

L GENTIANEAE.

1. **Menyanthes trifoliata** L. — Toute la région jusqu'à Archangel. Marais; très fréq. V. VI.

2. **Lymnanthemum nymphoides** Link. — Distr. de Schenkoursk; VII (Kouznetzoff).

3. **Pleurogyne rotata** Gries. — Le haut nord : Laponie, Indiga.

4. **Gentiana Amarella** L. — Toute la région jusqu'à Kandalakscha et Archangel; Terre des Samojèdes. Prés; fréq. VII, VIII.

V. PYRAMIDALIS Willd. Partout; ULIGINOSA Willd. Nikolsk.

5. **G. livonica** Eschsch. — Tout le gouvern. de Wologda. Collines, fréq. VI-VIII.

6. **G. cruciata** L. — Seulement près l'Oustjoug, bords de Souchona. VII (!).

7. **G. tenella** Rottb. — Laponie et le rivage de l'Océan.

8. **G. aurea** L. — Mourman (Fellm.).

9. **G. dentosa** Rottb. — Mourman, Indiga, bords de l'Oussa (Ourals).

10. **G. nivalis** L. — Près Ponoj (Fellm.).

11. **G. verna** L. — Le rivage de l'Océan : Indiga, Kalgoujew.

12. **Erythraea Centaurium** Pers. — Grjazowets. 1 fois, très rare. VI.

LI POLEMONIACEAE.

1. **Polemonium coeruleum** L. — Toute la région, sans exclure le haut nord et Nowaja-Zemlja. Ourals jusqu'à 67°. Bords des ruisseaux, très fréq. VI. VII.

2. **Pol. pulchellum** Bge. — Le haut nord : Kildin, Kalgoujew, Nowaja-Zemlja, Poustozersk, Ourals (68°).

LII DIAPENSIACEAE.

1. **Diapensia lapponica** L. — Les bords de la mer Blanche et de l'Océan. Ourals (66°).

LIII CONVOLVULACEAE.

1. **Convolvulus arvensis** L. — Wologda et Kadnikow, dans les moissons. VI, VII.

LIV CUSCUTEAE.

1. **Cuscuta europaea** L. — Grjazowets, Wologda et Kadnikow, sur *Humulus Lupulus* et *Urtica dioica*, pas fréq. VII.

2. **C. Epithymum** Murr. — Distr. Schenkoursk sur *Galium rubioides* (Kouznetzoff) ; Archangel (Beketoff).

LV BORAGINEAE.

1. **Echium vulgare** L. — Distr. Wologda, près des habitations, très rare. VI.

2. **Mertensia maritima** G. Don. — Mourman ; Solowetsk, bords de la mer Blanche. VI.

3. **Borago officinalis** L. — Cultivé dans les jardins potagers et souvent près des habitations comme une plante sauvage.

4. **Symphytum officinale** L. — Bords de Souchona et de Wologda dans les distr. de Wologda, Kadnikow et Totma, fréq. VI-VIII.

V. OCHROLEUCUM DC. — Bords de Wologda.

5. **S. asperrimum** Sims. — Cultivé dans les jardins.

6. **Lycopsis arvensis** L. — Seulement dans le district de Wologda, près de la ville ; pâtis, rare. VI, VII.

7. **Lithospermum arvense** L. — Toute la région jusqu'à Schenkoursk vers le nord et jusqu'à Jarensk vers l'orient. Dans les moissons, lieux incultes, fréq. V-VIII.

8. **L. officinale** L. — Wologda (Fortounatoff); bords de Souchona, district de l'Oustjoug (!). VI.

9. **Pulmonaria officinalis** L. — Jusqu'à Schenkoursk ; forêts ombreuses, fréq. IV, V.

10. **Myosotis palustris** With. — Toute la région jusqu'à Kanin et Indiga. Ourals (63 1/2°). Prés humides, très fréq. VI-VIII .

V. HIRSUTA A. Br. *fl. albo*, Wologda.

11. **M. caespitosa** Schul. — Toute la région jusqu'à Kola. Lieux humides, fréq. VI, VII.

12. **M. stricta** Link. — Toute la région jusqu'à Archangel. Pâtis, collines sèches, fréq. V-VII.

13. **M. sparsiflora** Mik. — Toute la région jusqu'aux bords de l'Océan. Bords des marais et des ruisseaux, fréq. V-VII.

14. **M. silvatica** Hoffm. — Toute la région jusqu'au rivage de l'Océan. V-VII.

V. ALPESTRIS Koch. — Le haut nord.

15. **M. intermedia** Link. — Toute la région jusqu'à Archangel. Collines. V-VII.

16. **Eritrichium villosum** Bge. — Le haut nord, sans exclure Nowaja-Zemlja. VI.

V. PLATYPHYLLUM. — Kanin, Kalgoujew, Nowaja-Zemlja.

17. **Echinospermum deflexum** Lehm. — Près Kola (Nyland. et Fellm.).

18. **Ech. Lappula** Lehm. — Toute la région, mais assez rare. Wologda (!), Schenkoursk (Kouznetzoff); Archangel, Keret (Nylander, Fellm.). Lieux secs. V, VI.

19. **Cynoglossum officinale** L. — Distr. de Wologda, rare. VI.

LVI SOLANEAE.

1. **Hiosciamus niger** L. — Toute la région dans les villes : Wologda, Totma, Schenkoursk, Archangel. VII.

2. **Solanum tuberosum** L. — Cultivé dans les jardins potagers.

3. **Sol. Dulcamara** L. — Toute la région jusqu'à Archangel et Kikassicha. Bords des ruisseaux, haies, etc. VI.

4. **Sol. persicum** Willd. — Grjazowets, Wologda, rare. VI.

LVII SCROPHULARINEAE.

1. **Verbascum Thapsus** L. — Wologda (bords de Maslena); Grjazowets, Oustjoug (Opoki); Noschul (distr. Oustssyssolsk). Bords des rivières, pas fréq. VI, VII.

2. **Verb. nigrum** L. — Wologda, Grjazowets, Kadnikow, Oustjoug, bords des rivières : Wologda, Komela, Souchona, pas fréq. VI, VII.

3. **Linaria vulgaris** Mill. — Toute la région jusqu'à Archangel et Oumba, bords des rivières, très fréq. VI, VII.

4. **Scrophularia nodosa** L. — Toute la région jusqu'à Archangel et Onega, bords des ruisseaux, lieux humides, assez fréq. VI, VII.

5. **Limosella aquatica** — Wologda (Fortounatoff); non vid. Archangel; Laponie (Fellm.).

6. **Veronica longifolia** L. — Toute la région. jusqu'à Mourman, Archangel, Indiga, Petschora, Ourals (67°). Bords des rivières. lieux humides, très fréq. VI-VIII.

7 **Ver. spicata** L. — District de Wologda, très rare. Archangel, Laponie.

V. MARITIMA L. — Bords de la mer (Beketoff).

8. **Ver. Anagallis** L. — Toute la région jusqu'à Archangel. Lieux humides, bords des marais. VI, VII.

9. **Ver. Beccabunga** L. — Toute la région jusqu'à Onega et Archangel ; dans les ruisseaux, très fréq. V-X.

V. AQUATICA et TERRESTRIS.

10. **Ver. officinalis** L. — Toute la région jusqu'à Archangel ; forêts, collines, très fréq. VI-IX.

11. **Ver. Chamaedrys** L. — Toute la région jusqu'à Keret, Solowetsk. Archangel. Prés. lisières, jardins, très fréq. V, VI.

12. **Ver. scutellata** L. — Toute la région jusqu'à Soumy, Archangel. Prés humides, bords des marais. fréq. V-IX.

V. GLABRA et PUBESCENS.

13. **Ver. macrostemon** Bge. — Laponie (Schrenk ex Ledeb.)

14. **Ver. alpina** L. — Laponie. Archangel, Ourals (61 1/3°).

15. **Ver. serpyllifolia** L. — Toute la région jusqu'à Kola et Ponoj ; Archangel. Prés humides, bords des routes, très fréq. V-VIII.

16. **Ver. arvensis** L. — Toute la région jusqu'à Archangel. Champs. V, VI.

17. **Ver. verna** L. — Toute la région jusqu'à Archangel. Lieux sablonneux, fréq. v.

18. **Ver. agrestis** L.— Wologda, rare ; Archangel (Beketoff.) VI.

19. **Castilleja pallida** Kunth. — Le haut nord : Mourman, Kanin, Ourals (67°).

20. **Bartsia alpina** L. — Toute la Laponie ; Solowetsk, Indiga, Kalgoujew, Ourals (67 1/2°), bords de l'Oussa. VI.

21. **Euphrasia Odontites** L. — Toute la région jusqu'à Archangel. Prés ; fréq. VII-IX.

22. **E. officinalis** L. — Toute la région jusqu'à Mourman, Solowetsk, Onega, Archangel. Prés, très fréq. VI-VIII.

V. NEMOROSA Pers. et PRATENSIS Koch.

23. **Alectorolophus major** Rchb. — Toute la région jusqu'à Mourman, Archangel, Mezen, Terre de Samojèdes, fréq., prés, VI-IX.

24. **Al. minor** W. et Gr. — Idem.

25. **Pedicularis verticillata** L. — Mourman, Indiga, Petschora jusqu'au gouv. de Perm. VI, VII.

26. **Ped. amoena** Adams. — Terre des Samojèdes ; Ourals (66 1/2°).

27. **Ped. compacta** Steph. — Bords de Petschora dans le gouv. de Wologda, Ourals. VI.

28. **Ped. lapponica** L. — Mourman, Terre des Samojèdes.

29. **Ped. palustris** L. — Toute la région jusqu'à Imandra, Keret, Onéga, Archangel. Prés humides, fréq. VI, VII.

30. **Ped. euphrasioides** Steph (*P. paniculata* Pall).— Ourals (67°).

31. **Ped. sudetica** Willd. — Le rivage de l'océan et Nowaja-Zemlja.

32. **Ped. lanata** Pall. *var* DASYANTHA Trautv. — Nowaja-Zemlja (73 1/2°).

33. **Ped. hirsuta** L. — Bords du lac Enâre. Kalgoujew, Nowaja-Zemlja.

34. **Ped. versicolor** Wahl. — Waigatsch, Nowaja-Zemlja.

35. **Ped. Sceptrum** L. — Toute la région, excepté Nowaja-Zemlja. Tourbières, très fréq. VII, VIII.

36. **Melampyrum cristatum** L. — Toute la région jusqu'à Schenkoursk. Prés forestiers, lisières, très fréq. VI, VII.

37. **Mel. Nemorosum** L. — Wologda et Grjazowets, forêts sèches, lisières. VI.

38. **Mel. pratense** L. — Toute la région jusqu'à Mourman, Archangel, Mezen. Forêts, très fréq. VI, VII.

V. GRACILE petschora (!). v. HIRSUTUM Winkler. Grjazowets (!)

39. **Mel. silvaticum** L. — Toute la région jusqu'au rivage de l'océan : Mourman, Mezen. Forêts, très fréq. VI, VII.

LVIII. SELAGINEAE.

1. **Gymnandra Stelleri** Cham. et Schlecht. — Nowaja-Zemlja, Terre des Samojèdes, Ourals vers le sud jusqu'au gouvern. de Perm. VI.

LIX. LABIATAE.

1. **Mentha silvestris** L. V. NEMOROSA Willd. — District de Grjazowets, très rare. VI.

2. **M. aquatica** L. — Wologda (Fortounatoff) ; non vid. Archangel (Ruprecht et Bohuslav), non vid.

3. **M. arvensis** L. — Toute la région jusqu'à l'Oumba, Archangel. Prés humides, jardins, fréq. VI, VII.

4. **M. lapponica** Wahl. — Laponie (Fellm.).

5. **Lycopus europaeus** L. — Toute la région jusqu'à Archangel, mais pas fréq. Forêts humides. VII, VIII.

6. **Origanum vulgare** L. — Toute la région jusqu'à Archangel. Bords des rivières, assez fréq. VI, VIII.

7. **Thymus serpyllum** L. — Toute la région jusqu'à Kandalakscha, Solowetsk, Archangel, Mezen. Sur le sol calcaire, fréq. VI, IX. V. ANGUSTIFOLIUS Schrad. Welsk ; V. LANUGINOSUS Schr. Partout.

8. **Th. Chamaedrys** Fries. — Kadnikow, bords de Kichta, rare. VII, VIII.

9. **Clinopodium vulgare** L. — Kadnikow, Totma, Outsjoug, bords des rivières Pelschma, Souchona, etc. Collines, lisières. VII, VIII.

10. **Glechoma hederacea** L. — Toute la région jusqu'à Kola et Mezen. Lisières, jardins, très fréq. V, X.

11. **Dracocephalum thymiflorum** L. — Wologda, bords de Schograsch ; Jarensk, près Seregowo (Sujatkoff). V.

12. **Dr. Ruyschiana** L. — Seulement dans le district de Nikolsk, près Tourkowo (embouchure de Joug) (!). VI.

13. **Prunella vulgaris** L. — Toute la région jusqu'à l'Onega, Imandra, Archangel. Lieux secs, très fréq. VI. VII.

14. **Scutellaria galericulata** L. — Toute la région jusqu'à Kandalakscha, Kem, Archangel. Bords des rivières, marais, fréq. V, VII.

15. **Betonica officinalis** L. — Grjazowets, Wologda (Snjatkoff); Oustssyssolsk, près Noschul (Lepechin) ; Archangel (Beketoff). Forêts. VI.

16. **Stachys palustris** L. — Jusqu'à Archangel ; lieux humides, fréq. VII, VIII.

17. **St. silvatica** L. — Jusqu'à l'Oustjoug et l'Oustssyssolsk. Forêts humides. VII, VIII.

18. **Galeopsis Ladanum** L. — Toute la région jusqu'à Archangel. Bords des champs et des routes, fréq. VII, IX.

19. **Gal. Tetrahit** L. — Toute la région jusqu'à l'Imandra, Onéga, Archangel, Mezen. Dans les moissons, jardins, lieux incultes. VII-X.

20. **Gal. pubescens** Bess. — Dans le gouvern. de Wologda jusqu'à Krasnoborsk et Jarensk ; lieux incultes. VI, VII.

21. **Gal. versicolor** Curt. — Toute la région jusqu'à Kola et Archangel. Pâtis, lieux incultes, jardins, très fréq. VII-X.

22. **Leonurus Cardiaca** L. — Toute la région jusqu'à Archangel. Lieux incultes, dans les villes, fréq. VII, VIII.

23. **Lamium amplexicaule** L. — Toute la région jusqu'à Archangel, mais pas fréq. Jardins, champs, lieux incultes. VI, VII.

24. **Lam. purpureum** L. — Idem. VI-IX.

25. **Lam. album** L. — Archangel ; entre Pinega et Mezen. Ourals (67°), Petschora. Vers le sud jusqu'à l'Oustjoug et Nikolsk. Bords des rivières. VI, VII.

26. **Lam. maculatum** L. — District de Grjazowets, bords des rivières. Obnora et Komela. VI, VII.

27. **Ajuga reptans** L. — Toute la région jusqu'à Archangel. Prés humides, lisières, très fréq. V, VI.

LX. PLUMBAGINEAE.

1. **Armeria sibirica** Turcz. (*Statice sib.* Led.). — Le haut-nord : Mourman, Kanin, Kalgoujew, Nowja-Zemlja, Poustozersk. VI.

LXI. PLANTAGINEAE.

1. **Plantago maritima** L. — Le rivage de l'Océan et de la mer Blanche. VI.

2. **Pl. lanceolata** L. — Vers le nord jusqu'à Schenkoursk, vers l'orient jusqu'à Solwytschegodsk. Bords des routes. VI, VII.

3. **Pl. media** L. — Toute la région jusqu'au golfe de Kandalakscha ; Onéga, Archangel, Pinega. Prés, bords des routes. V, VI. V. ANGUSTIFOLIA. Wologda.

4. **Plantago major** L. — Toute la région jusqu'à Kola, Mezen, Terre des Samojèdes, Oust-Tsylma. Bords des routes, dans les jardins, très fréq. VI. V. MINIMA DC. Wologda.

LXII. OLERACEAE.

1. **Salicornia herbacea** L. — Bords de la mer Blanche : Kandalakscha, Keret, Soumy, Archangel, Solowetsk ; bords de l'Océan : Kola.

2. **Corispermum hyssopifolium** Juss. — Bords de Waga et Dwina ; de Schenkoursk jusqu'à Archangel. VI.

3. **Cor. intermedium** Schweig. — District de Jarensk (bords de Wym) (Snjatkoff) ; Archangel. Bords des rivières sablonneux. VI.

4. **Chenopodium polyspermum** L. — Wologda et Kadnikow, dans les villes. VII, VIII. V. CYMOSUM Led. V. OBTUSIFOLIUM Meinsh.

5. **Ch. glaucum** L. — Toute la région jusqu'à Archangel, mais pas fréq. VII, VIII.

6. **Ch. album** L. — Toute la région jusqu'à Kola et Archangel. Bords des champs et dans les villes, très fréq. VI-X.

7. **Ch. urbicum** L. V. MELANOSPERMUM Wallr. — Wologda et Oustjoug, dans les villes. VII, VIII.

8. **Blitum polymorphum** C. A. Mey. — Dans la ville Wologda; Petschora (Oust-Tsylma) (Pelzam). VIII, IX.

9. **Beta vulgaris** L. — Cultivé dans les jardins potagers.

10. **Atriplex nitens** Rebent. — Près Wologda, rare (!). Archangel (Bohuslav).

11. **A. hortense** L. — Bords de Dwina près Archangel (!).

12. **A. litorale** L. — Près Archangel (Beketoff).

13. **A. hastatum** L. — (A. latifolium Wahl.). Près de la ville Wologda (!). VIII.

14. **A. patulum** L. — Toute la région jusqu'à Kola et Solowetsk. VII, VIII. V. HOLOLEPIS Fenzl. Wologda.

15. **Salsola Kali** L. — Près Archangel (Bohuslav). Non vid.

LXIII. POLYGONEAE.

1. **Oxyria reniformis** Hook.— Le haut-nord: Mourman, Kanin. Kalgoujew, Nowaja-Zemlja, Ourals (68°).

2. **Rumex Acetosa** L. — Toute la région, sans exclure Nowaja-Zemlja, Ourals jusqu'à 67°. Prés, très fréq. V, VI. V. ALPESTRIS Harm. Kola.

3. **R. Acetosella** L. — Toute la région jusqu'à Kola, Archangel, Mezen, Kalgoujew. Prés, très fréq. V, VI.

4. **R. maritimus** L. — Toute la région jusqu'à Archangel, mais pas fréq. Bords des rivières. VII, VIII.

5. **R. obtusifolius** L. — Bords de Petschora (gouvern. de Wologda). VII.

6. **R. Hydrolapathum** Huds. — Toute la région jusqu'à Kola, Onéga, Archangel. Bords des ruisseaux. VII.

7. **R. maximus** Schreb. — Wologda et Grjazowets, près d'habitation. VI, VII.

8. **R. crispus** L. — Tout le gouvern. de Wologda, mais pas fréq. Lieux incultes. VII, VIII.

9. **R. aquaticus** L. — Toute la région jusqu'à Kola, Solowetsk, Archangel. Bords des ruisseaux, fréq. VI, VII.

10. **R. domesticus** Hartm. — Toute la région jusqu'à Kandalakscha, Archangel, Terre des Samojèdes, Nowaja-Zemlja. Champs. VII.

11. **Rumex arcticus** Trautv. — Wajgatsch (Kjellm.).

12. **Fagopyrum esculentum** Moench. — Cultivé dans les champs.

13. **Polygonum Convolvulus** L. — Toute la région jusqu'à Ponozero et Archangel. Dans les moissons. VII, VIII.

14. **Pol. dumetorum** L. — Kadnikow, bords de Koubena. VI.

15. **Pol. amphibium** L. — Toute la région jusqu'à la Laponie, Solowetsk, Archangel. Dans les ruisseaux et les étangs. VI-VIII. V. TERRESTRE Koch. et COENOSUM Koch.

16. **Pol. Bistorta** L. — Toute la région, excepté Nowaja-Zemlja. Ourals jusqu'à 66 3/4°. Prés ; très fréq. VI, VII.

17. **Pol. viviparum** L. — La partie nord du district de Kadnikow, très rare. Distr. Jarensk et Oustssyssolsk, fréquemment. Dans tout le gouvern. d'Archangel, excepté Nowaja-Zemlja, prés, bords des ruisseaux. Ourals (68°). VI, VII. V. ALPINUM L. Nowaja-Zemlja.

18. **Pol. aviculare** L. — Toute la région jusqu'à la Laponie, Onéga, Terre des Samojèdes, Mezen. Dans les villages et les villes, très fréq. VI-X.

19. **Pol. lapathifolium** L. — Toute la région jusqu'à Archangel. Prés, jardins. VI-IX. V. INCANUM Led.

20. **Pol. nodosum** Pers. — Grjazowets et Wologda, bords des rivières. VI-VIII.

21. **Pol. Persicaria** L. — Toute la région jusqu'à Kola, Kem, Archangel. Bords des routes, lieux incultes; VII, VIII.

22. **Pol. Hydropiper** L. — Toute la région jusqu'à Kola, Soroka, Archangel. Prés humides, marais, très fréq. VII, VIII.

23. **Pol. mite** Schrank. — Dans le gouvern. de Wologda jusqu'à l'Oustssyssolsk ; bords des ruisseaux, lieux humides. VII, VIII.

24. **Pol. minus** Huds. — Jusqu'à Schenkoursk, bords des mares, très fréq. VII, VIII.

25. **Koenigia islandica** L. — Près Ponoj, fréq., Terre des Samojèdes, Nowaja-Zemlja.

LXIV. THYMELEACEAE.

1. **Daphne Mezereum** L. — Toute la région jusqu'à Mourman, Solowetsk, Archangel. Vers l'orient : Oust-Koulom. Forêts. III.

LXV. ELAEAGNACEAE.

1. **Elaeagnus angustifolius** L. — Cultivé dans les jardins.

LXVI. ARISTOLOCHIACEAE.

1. **Asarum europaeum** L. — Toute la région jusqu'à Schenkoursk (Kouznetzoff). Archangel (Beketoff) Dub. — Forêts, fréq. V, VI.

LXVII. EMPETRACEAE.

1. **Empetrum nigrum** L. — Toute la région jusqu'à Kola, Iokonga, Archangel, Terre des Samojèdes, Ourals (66°). Tourbières, forêts, très fréq. IV, V.

LXVIII. EUPHORBIACEAE.

1. **Euphorbia Helioscopia** L. — Grjazowets, Wologda, dans les villes, rare. VII.
2. **E. palustris** L. — Oustjoug, Solwytschegodsk, Jarensk, Oustssyssolsk, bords des rivières, prés. VII.
3. **E. Esula** L. — Toute la région jusqu'à Archangel; Petschora. Prés inondés, bords des rivières. VI, VII.
4. **E. virgata** L. — Tout le gouvern. de Wologda et la partie sud du gouvern. d'Archangel; bords des rivières. VI.

LXIX. URTICACEAE.

1. **Urtica dioica** L. — Toute la région jusqu'à la Laponie, Mezen, Terre des Samojèdes, près d'habitations, très fréq. VI-IX.
2. **Urt. urens** L. — Idem.

LXX. CANNABINEAE.

1. **Cannabis sativa** L. — Cultivé dans les villages.
2. **Humulus lupulus** L. — Toute la région jusqu'à Archangel, mais pas fréq. Forêts. VII.

LXXI. ULMACEAE.

1. **Ulmus campestris** L. — Toute la région jusqu'à Schenkoursk. Forêts, V.
2. **U. effusa** Willd. — *Idem*.

LXXII. FAGACEAE.

1. **Quercus pedunculata** Ehrh. — Wologda et Grjazowets, bords des rivières Wologda et Léja, rare. Un buisson. Cultivé dans les jardins.

LXXIII. MYRICACEAE.

1. **Myrica gale** L. — Laponie. (Fellm.)

LXXIV. BETULACEAE.

1. **Corylus avellana** L. — District de Grjazowets (mont Schujskaja) (!).
2. **Betula alba** L. — Toute la région. IV, V.
V. VERRUCOSA Wallr. et PENDULA Roth. Partout.
3. **B. pubescens** Ehrh. — Toute la région, marais.
V. CARPATHICA Willd. Wologda.
4. **B. tortuosa** Led. (*B. davurica* Led.) — Tout le gouvern. d'Archangel. (Fellm.)
5. **B. humilis** Schrank. — Wologda, Kadnikow, Totma, Oustjoug. Tourbières. V.

6. **B. nana** L. — Toute la région, sans exclure Nowaja-Zemlja. Bords de la mer de Kara; Ourals. Tourbières, très fréq. V.

V. SIBIRICA Led. Kadnikow.

7. **B. hybrida** Rgl. — Gouvern. d'Archangel jusqu'à Mourman.

8. **B. alpestris** Fries Var. COMMUNIS Rgl. — Kadnikow; tourbières.

9. **Alnus viridis** Led. Bords de Petschora près Schtschugor; bords des riv. Oussa, Mezen. Terre des Samojèdes.

10. **A. incana** L. — Toute la région jusqu'à Kola. V.

11. **A. glutinosa** L. — *Idem*.

LXXV. SALICINEAE.

1. **Salix pentandra** L.— Toute la région jusqu'à Keret, Kowda, Kandalakscha, Kem, Archangel, Mezen. — Lisières, fréq. VI.

V. CUSPIDATA Schult.

2. **S. fragilis** L. — Wologda (Fortounatoff). Non vid.

3. **S. alba** L.— Wologda (Fortounatoff); Kadnikow (Mejakoff). Non vid.

V. VITELLINA Hoffm. — Wologda, Kadnikow, Nikolsk.

4. **S. amygdalina** L.— Toute la région jusqu'à Kandalakscha, V.

V. CONCOLOR Koch. Wologda; V. DISCOLOR, partout.

5. **S. acutifolia** Willd.— Toute la région jusqu'à Kholmogory. Bords des rivières. V.

6. **S. viminalis** L. — Jusqu'à Schenkoursk et Petschora. Prés humides. V.

7. **S. stipularis** Sm.—Nikolsk, Schenkoursk; bords des rivières, rare. V.

8. **S. smithiana** Willd. — Embouchure de Mezen. (Rupr.).

9. **S. acuminata** Smith. — Près Mezen. (Rupr.)

10. **S. cinerea** L. — Grjazowets, Nikolsk, Wologda, Jarensk, Petschora. V.

11. **S. nigricans** Fries.— Toute la région : Laponie, Archangel, Kanin; bords des rivières et marais, fréq. VI.

V. PRUNIFOLIA Hartm.— Kandalakscha; V. BOREALIS Fr. Laponie.

12. **S. silesiaca** Willd. — Nikolsk, rare. (!)

13. **S. caprea** L. — Toute la région jusqu'à Kandalakscha, Solowetsk, Archangel, Mezen. Prés, lisières. V.

14. **S. aurita** L. — Toute la région jusqu'à Kola, Archangel. Terre des Samojèdes. VI.

15. **S. depressa** L. — Toute la région jusqu'à Kola. Marais, prés humides. IV, V.

V. CINERASCENS Wahlb., LIVIDA Fr., BICOLOR Fr., STARKEANA Willd.

16. **S. phylicifolia** L. — Toute la région jusqu'à la Laponie et Archangel, lisières, fréq. V.

17. **S. glabra** Scop. — Kola (Fellm). Ourals.

18. **S. hastata** L. — Le haut nord : Kola, Ponoj, Indiga, Kalgoujew, dist. d'Oustssyssolsk. V.

19. **S. pyrolaefolia** Led. — Schenkoursk (Kouznctzoff).

20. **S. versifolia** Wahl. — Laponie (Ledebour.)

21. **S. myrtilloides** L. — Toute la région jusqu'à Kola. Tourbières. IV, V.

22. **S. repens** L. — Laponie (Ledeb.), Archangel (Bohuslav).

23. **S. rosmarinifolia** L. — Jusqu'à Schenkoursk. Tourbières, fréq. V.

24. **S. taimyrensis** Trautv. — Nowaja-Zemlja (Kjellm.)

25. **S. lanata** L. — Le haut nord : Mourman, Kalgoujew, Nowaja-Zemlja, Ourals. Var. GLANDULOSA. Indiga (Rupr.).

26. **S. lapponum** L. — Toute la région jusqu'à la Laponie, Archangel, Mezen, Indiga. Tourbières. V.

27. **S. glauca** L. — Le haut nord, sans exclure Nowaja-Zemlja. Ourals (62°30').

V. PALLIDA Hartm. Partout.

28. **S. reptans** Rupr. — Kalgoujew, Nowaja-Zemlja (Kjellm.)

29. **S. arctica** Pall. — Nowa-Zemlja, Waigatsch (Trautv., Kjellm.)

30. **S. brownei** Anders. — Nowaja-Zemlja (Kjellm.)

31. **S. myrsinites** L. — Le rivage de l'Océan et de la mer Blanche : Kowda, Kanin, Kalgoujew, Nowaja-Zemlja, Waigatsch.

32. **S. ovalifolia** Trautv. — Nowaja-Zemlja (Kjellm.)

33. **S. arbuscula** L. — Ponoj (Laponie) (Fellm.)

34. **S. reticulata** L. — Près du lac Imandra et jusqu'à Ponoj. Bords de l'Océan. Ourals (66 3/4°.)

35. **S. herbacea** L. — Les bords de l'Océan et de la mer de Kara.

36. **S. rotundifolia** Trautv. — Nowaja-Zemlja, Waigatsch, cap Orloff.

37. **S. polaris** Wahl. — Laponie, Kalgoujew, Nowaja-Zemlja, Waigatsch.

38. *Populus alba* L. — Cultivé dans les jardins.

39. **P. tremula** L. — Toute la région jusqu'à Kola et Mezen. IV, V.

40. **P. nigra** L. — Bords de Joug, Dwina et Waga; bords de Wym (distr. Jarensk). Sur les îles inondées.

41. *P. suaveolens* Fisch. — Cultivé dans les jardins.

LXXVI. TYPHACEAE.

1. **Typha latifolia** L. — Toute la région jusqu'à Archangel, mais assez rare. Marais, fossés. VII.

2. **T. angustifolia** L. — Archangel (Beketoff). Non vid.

3. **Sparganium ramosum** Huds. — Toute la région jusqu'à Archangel. Dans les petites rivières, très fréq. VII, VIII.

4. **Sp. simplex** Huds. — Toute la région jusqu'à l'Oumba,Kem, Archangel, fréq. VI, VII.

5. **Sp. natans** L. — Toute la région jusqu'à Kola. Marais et rivières. VII.

6. **Sp. minimum** Fries. — Toute la région jusqu'à Kandalakscha, mais rare, VII.

7. **Sp. angustifolium** Michx. — Laponie, près Kem, marais (Meinshausen.)

8. **Sp. hyperboreum** Laest. — Laponie (Fellm.)

LXXVII. AROIDEAE.

1. **Calla palustris** L. — Toute la région jusqu'à Kowda, Soroka, Solowetsk, Onéga, Archangel. Marais, très fréq. V.

LXXVIII. LEMNACEAE.

1. **Lemna minor** L. — Toute la région jusqu'à Solowetsk. Etangs, fossés, fréq.

2. **L. trisulca** L. — *Idem.*

3. **Spirodela polyrrhiza** Schleid. — *Idem.*

LXXIX. NAJADEAE.

1. **Zostera marina** L. — Bords de la mer Blanche. Solowetsk.

2. **Zanichellia polycarpa** Nolte. — Bords de Touloma (Lap.) (Fellm.)

3. **Potamogeton pectinatus** L. — Toute la région jusqu'à Kandalakscha, Mezen.

4. **P. compressus** L. — Wologda, Nikolsk, dans les étangs. VIII.

5. **P. mucronatus** Schrad. — District de Schenkoursk (Kouznetzoff.)

6. **P. acutifolius** L. — Wologda, rare. VIII.

7. **P. pusillus** L. — Toute la région jusqu'à Kowda.

V. TENUISSIMUS M. K. Wologda, Kadnikow ; V. VULGARIS Fries. Ibid.

8. **P. crispus** L. — Grjazowets et Wologda, dans les étangs, rare. VII.

9. **P. natans** L. — Toute la région jusqu'à Kola et Archangel. Dans les petites rivières et les étangs, fréq. VII.

10. **P. fluitans** Roth. — District de Schenkoursk (Kouznetzoff.)

11. **P. rufescens** L. — Toute la région jusqu'à Kola, Oumba, Archangel. Dans les rivières. VII, VIII.

12. **P. perfoliatus** L. — *Idem.*

13. **P. praelongus** Wulf. — Wologda et Grjazowets, dans les rivières. VII.

14. **P. lucens** L. — Toute la région jusqu'à Archangel. VII.

15. **P. gramineus** L. — Toute la région jusqu'à Kola et Archangel.

V. GRAMINIFOLIUS Fries. Petschora.

LXXX. JUNCAGINEAE.

1. **Scheuchzeria palustris** L. — Kadnikow, très rare : Schenkoursk, Archangel. Les tourbières.

2. **Triglochin palustre** L. — Toute la région jusqu'à Kanin et Indiga. Près humides.

3. **Tr. maritimum** L.— Bords de l'Océan et de la mer Blanche, partout.

LXXXI. ALISMACEAE.

1. **Alisma plantago** L.— Toute la région jusqu'à la Laponie, Kem, Archangel, Mezen. Marais, très fréq. VI.

2. **Sagittaria sagittaefolia** L. — Toute la région jusqu'à Kandalaskcha. Marais. V-VIII.

V. NATANS, Kem. (Beketoff).

3. **S. alpina** Willd. — District d'Oustssyssolsk.

LXXXII. BUTOMEAE.

1. **Butomus umbellatus** L. — Toute la région jusqu'à Archangel. Etangs, fréq. VI-VIII.

LXXXIII. HYDROCHARIDEAE.

1. **Stratiotes aloides** L. — Nikolsk, bords de Jug (!) Oustssyssolsk (Popoff) ; Archangel (Beketoff).

2. **Hydrocharis morsus ranae** L. — Toute la région jusqu'à Archangel. Marais.

LXXXIV. ORCHIDACEAE.

4. **Orchis militaris** L. — District de Schenkoursk (Kouznetzoff).

2. **O. maculata** L. — Toute la région jusqu'à Kola ; Onéga, Archangel, Mezen, Ourals. Près et forêts, très fréq. VI.

V. LAPPONICA Laest. Kandalakscha.

3. **O. latifolia** L. — Toute la région jusqu'à Kola ; Archangel. Prés humides, VI, VII.

4. **O. curvifolia** F. Nyland. — District Schenkoursk (Kouznetzoff).

5. **O. incarnata** L. — Toute la région jusqu'à Schenkoursk. Prés humides.

6. **O. angustifolia** Rchb. (*O. majalis* Rchb.) — Wologda, Grjazowets, Oustssyssolsk ; prés humides. VI.

7. **Gymnadenia conopsea** R. Br. — Toute la région jusqu à Kandalakscha, Solowetsk, Archangel. Forêts. VI.

8. **G. albida** Rich. (*Peristylus albidus* Lindl.) — Près Kola ; monts Chibiny (Fellm.)

9. **Platanthera bifolia** Rchb. — Toute la région jusqu'à Soumg ; Solowetsk, Archangel. Forêts, lisières, prés. VI.

10. **Pl. chlorantha** Trautv. — Wologda, Nikolsk, très rare. VI.

11. **Pl. viridis** Lindl. — Toute la région jusqu'à Mourman, Archangel, Mezen. Bords des rivières, fréq. VI.

V. BRACTEATA Rchb. Grjazowets.

12. **Chamaerops alpina** Spreng. — Kola (Fellm).

13. **Herminium monorchis** R. Br. — Wologda, très rare (!) Archangel, très rare (Fellm.)

14. **Epipogium gmelini** Rich. — Grjazowets. Wologda, très rare. Forêts. VI.

15. **Epipactis latifolia** Swartz. — Grjazowets, Wologda, Kadnikow. Forêts ombreuses, rare. VI.

V. VARIANS Rchb. et VIRIDANS Rchb.

16. **Ep. rubiginosa** Gand. — Près Oustoug, très rare. VI.

17. **Listera ovata** R. Br. – Toute la région jusqu'aux bords de la mer. Forêts. VI.

18. **L. cordata** R. Br. — Toute la région, mais rare. Jusqu'à Kola. Marais couverts de mousses. VI.

19. **Neottia nidus avis** Rich. — Grjazowets (Schujskajagora), très rare. VI.

20. **Goodyera repens** R. Br. — Wologda et Kadnikow, très rare. Mourman. VII.

21. **Corallorrhiza innata** R. Br. — Toute la région jusqu'à Kola. Forêts humides. VI.

22. **Malaxis paludosa** Swartz. — Toute la région jusqu'à Kola, mais rare. Marais. VII.

23. **Calypso borealis** Salisb. — Toute la région, mais rare. Vers le nord. Solowetsk. Forêts. VI.

24. **Microstylis monophylla** Lindl. — Wologda, Grjazowets, Kolsk, lieux humides, rare. VII.

25. **Cypripedium calceolus** L. — Toute la région jusqu'à Imandra, Archangel, pas rare. Forêts ombreuses. VI.

26. **C. guttatum** L. — Bords de Podtscherem [Ourals (!)]. VII.

LXXXV. IRIDEAE.

1. **Iris sibirica** L. — Bords de Wologda, Souchona et du lac Koubenskoje. Lieux humides.

2. **Ir. pseudacorus** L. — Kadnikow, bords de Koubena et Kichta.

LXXXVI. ASPARAGEAE.

1. **Paris quadrifolia** L. — Toute la région jusqu'à l'Oumba, Archangel, Mezen, Solowetsk, Ourals (64°). Forêts, très fréq. VI, VII.

2. **Polygonatum officinale** All. — Oustssyssolsk (Popoff); Archangel (Bohuslav.)

3. **Pol. multiflorum** All. — Près Archangel (Bohuslav.)

4. **Convallaria majalis** L. — Toute la région jusqu'à Keret et Archangel. Forêts. VI.

5. **Majanthemum bifolium** DC. — Toute la région jusqu'à Imandra, Onéga, Archangel, Solowetsk, Terre des Samojèdes, Petschora. Forêts. V, VI.

LXXXVII. LILIACEAE.

1. **Gagea lutea** Schult. — Toute la région jusqu'à Archangel; Terre des Samojèdes. Pâtis, lisières, fréq. V, VI.

2. **G. minima** Schult. — *Idem.*

3. **Allium cepa** L. — Cultivé dans les jardins potagers.

4. **All. schoenoprasum** L. — Toute la région jusqu'à Kola, Oumba, Onéga, Archangel, Kouja, Ourals (63° 1/3). Prés inondés. VII.

5. **All. sativum** L. — Cultivé dans les jardins potagers.

6. **All. angulosum** L. — Bords de Wologda, Souchona et Dwina. Lieux inondés. VI, VII.

7. **Lloydia serotina** Rich. — Terre des Samojèdes, Waigatsch (Schrenk); Chabarowo (Kjellm). Bords de Kara.

8. **Tofjeldia caliculata** Wahlenb.

V. RUBESCENS Hoppe. — Ourals (66 3/4°). (Rupr.)

9. **T. palustris** Huds. (*T. borealis*) Whlb). — Laponie, Ourals (67°).

LXXXVIII. COLCHICACEAE.

1. **Veratrum album** L. v. LOBELIANUM Viach. — De Oustjoug vers le nord jusqu'à Mourman et vers l'orient jusqu'à l'Oural; très fréq. Bords des rivières, forêts, marais. VI.

LXXXIX. JUNCACEAE.

1. **Luzula pilosa** Willd. — Toute la région jusqu'à Kandalakscha, Archangel, Mezen, Oust-Tsylma. Très fréq. Forêts, jardins. IV, V.

2. **L. spadicea** DC. — Le haut nord: Kola, Nowaja Zemlja, Ourals (68 1/5°).

V. KUNTHII E. Mey. Le rivage de l'Océan.

3. **L. arcuata** Wahlb. — Le haut nord, sans exclure Nowaja-Zemlja. V. HYPERBOREA R. Br. Nowaja-Zelmja; V. HOOKERIANA Traut. Ibid. V. SUDETICO-ARCUATA Rupr. Ponoj.

4. **L. spicata** DC. — Laponie, Nowaja-Zemlja (Kjellm.) Lieux secs.

5. **L. campestris** DC. — Toute la région jusqu'à Kola, Archangel, Indiga, Oust Tsylma, Ourals (63 1/4°). Forêts, champs. V, VI.

6. **L. multiflora** Lej. — Toute la région jusqu'à Archangel. Forêts. V, VI.

7. **L. pallescens** Bess. — Toute la région jusqu'à Archangel. Prés humides. V. VI.

8. **Juncus conglomeratus** L. — Dans tout le gouvern. de Wologda. Prés humides, forêts. VI.

9. **J. glaucus** Ehrh. — Wologda, rare (!). Archangel (Bohuslav). VI.

10. **J. balticus** Dethard. — Laponie (Fellm.)

11. **J. arcticus** Willd. — Laponie (Fellm.), Indiga, Kalgoujew.

12. **J. filiformis** L. — Toute la région jusqu'au rivage de l'océan : Mourman, Mezen. Prés humides. V. FOLIATUS Nikolsk. VI.

13. **J. alpinus** Villars (*J. fusco-ater* Schr.) — Toute la région jusqu'à Mourman, Solowetsk, Archangel. Bords des rivières, fréq. VI.

14. **J. lamprocarpus** Ehrh. (*J. articulatus* L.) — Toute la région jusqu'à Solowetsk, Archangel. Prés humides. VI.

15. **J. compressus** Jacq. — Toute la région jusqu'à Archangel. Prés humides. VI.

16. **J. gerardi** Lois. — Mourman, Archangel, Indiga, Petschora.

17. **J. bufonius** L. — Toute la région jusqu'à la Laponie. Archangel, Oust Tsylma. Lieux humides. VI, VII.

18. **J. castaneus** Smith. — Mourman jusqu'à Ponoj ; Ourals.

19. **J. stygius** L. — Partie nord du distr. Kadnikow (Snjatkoff) ; gouvern. d'Archangel près Kniaja (Fellm.)

20. **J. triglumis** L. — Mourman, golfe de Kandalakscha. Marais.

21. **J. biglumis** L. Le haut nord, sans exclure Nowaja Zemlja. Ourals (68°).

22. **J. trifidus** L. — Mourman, Kalgoujew.

XC. CYPERACEAE.

1. **Heleocharis acicularis** R. Br. — Toute la région jusqu'au rivage de l'océan. Marais. VI, VII.

2. **Hel. palustris** L. — Toute la région jusqu'à la Laponie et Archangel. VI.

3. **Hel. uniglumis** Lk. — Toute la région jusqu'à Kola. Lieux humides. VI.

4. **Hel. ovata** R. Br. — Gouvern. de Wologda jusqu'à l'Oustjoug, lieux sablonneux humides ; VI.

5. **Scirpus pauciflorus** Lightf. — Wologda. Kadnikow, lieux humides, rare. VI.

6. **Sc. caespitosus** L. — Toute la région jusqu'à Kola, Archangel, Mezen, Ourals (66 1/2°).

7. **Sc. lacustris** L. — Toute la région jusqu'à Kola; dans les rivières. VI, VII.

8. **Sc. maritimus** L. — Laponie, bords de Niwa (Fellm); Archangel.

9. **Sc. silvaticus**. — Toute la région jusqu'à Archangel. Bords des rivières, très fréq. VI, VII.

10. **Eriophorum alpinum** L. — Toute la région de Kadnikow jusqu'à la Laponie. Tourbières. VI.

11. **Er. vaginatum** L. — Toute la région sans exclure Nowaja Zemlja; prés humides, très fréq. IV, V.

12. **Er. scheuchzeri** Koppe. — Le haut nord, sans exclure Nowaja-Zemlja. Ourals (68°).

13. **Er. latifolium** Koppe.— Toute la région jusqu'à la Laponie. Ourals (64°). Marais. V.

14. **Er. angustifolium** Roth. — Toute la région sans exclure Nowaja Zemlja ; Ourals (68°). Prés humides, tourbières, très fréq. V. V. CONGESTUS Koch. Kalgoujew; V. ELATIUS Koch. Laponie.

15. **Er. russeolum** Fries. — Kola, Ponoj, Archangel, Waigatsch, Petschora. Prés humides.

16. **Er. callitrix** Cham. — Près Ponoj, Waigatsch, Chabarowo (Kjellm.)

17. **Er. gracile** Koch. — Toute la région jusqu'à Kola et Archangel. Tourbières. VII.

18. **Blysmus compressus** Panz. — Toute la région jusqu'à Solowetsk, mais pas fréq. Prés humides. V.

19. **Bl. rufus** Panz. — Les bords de la mer blanche : Gridino, Keret, Soumy.

20. **Elyna spicata** Schrad. — Laponie (Fellm.)

21. **Carex dioica** L. — Toute la région jusqu'à la Laponie et Archangel. Prés humides, marais. V.

22. **C. capitata** L. — Les bords de la mer blanche. Mourman.

23. **C. nardina** Fries. — La Russie arctique (Fries).

24. **C. rupestris** All. — Laponie. Nowaja Zemlja.

25. **C. pauciflora** Lightf. — Toute la région jusqu'à Kola; tourbières. V.

26. **C. microglochin** Wahl. — Près golfe de Kola (Nyland.)

27. **C. incurva** Light. — Kola, Kanin, Kalgoujew, Waigatsch.

28. **C. chordorrhiza** Ehrh. — Toute la région jusqu'à Kola, Archangel. Tourbières. VII.

29. **C. arenaria** L. — Archangel (Bohuslav).

30. **C. vulpina** L. — De Grjazowets jusqu'à Jarensk. Prés humides. V.

31. **C. muricata** L. — Toute la région jusqu'à Archangel. Forêts ombreuses VI.

32. **C. teretiuscula** Good.— Toute la région jusqu'à la Laponie et Archangel. Tourbières. V.

33. **C. paradoxa** Willd. — Jusqu'à Schenkoursk. Tourbières. VI.

34. **S. schreberi** Schrank. — Jusqu'à Jarensk. Prés secs, collines. V.

35. **C. paniculata** L. — Oustssyssolsk (Popoff); Archangel (Bohuslav).

36. **C. elongata** L. — Toute la région jusqu'à Archangel. Prés humides, marais. VI.

37. **C. leporina** L. — Toute la région jusqu'à Kem et Archangel. Prés, forêts. VI.

38. **C. lagopina** Wahlenb. — Laponie (Fellm.); Archangel; Petschora, bords de Schtschugor. Collines. VI.

39. **C. heleonastes** L. — Toute la région jusqu'à la Laponie. Prés humides. VI.

40. **C. norvegica** Willd. — Près Kola; le rivage de la mer Blanche.

41. **C. canescens** L.— Toute la région jusqu'à Mourman; Solowetsk. Archangel. Prés humides, bords des marais, fréq. V.

42. **C. vitilis** Fries. — Toute la région jusqu'au rivage de la mer Blanche. Marais. V.

43. **C. personii** Sieb. — Mourman (Fellm.)

44. **C. loliacea** L. — Toute la région jusqu'à Kola; tourbières. VI.

45. **C. tenella** Schkuhr. — Jusqu'à Jarensk. Tourbières. VI.

46. **C. tenuiflora** Wahlenb. — Laponie (Fellm.)

47. **C. stellulata** Good. — Toute la région jusqu'à Kowda et Kandalakscha. Forêts, tourbières. V.

48. **C. brizoides** Wimm.— District Schenkoursk (Kouznetzoff).

49. **C. glareosa** Wahl. — Bords de la mer Blanche; Kanin, Solowetsk. Nowaja Zemlja.

50. **C. microstachya** Ehrh. — Près du lac Imandra (Nyl.).

51. **C. alpina** Sw. — Laponie (Fellm.), Solowetsk; Jarensk. Tourbières.

V. INFRALPINA Wahl.

52. **C. atrata** L. — Laponie (Fellm.).

53. **C. digitata** L. — Toute la région jusqu'à Schenkoursk. Forêts, collines. V.

54. **C. ornithopoda** Willd. — Wologda; tourbières. (Snjatzoff).

55. **C. pediformis** C. et Mey. — Toute la région jusqu'à Schenkoursk, rare. Forêts. V.

56. **C. vaginata** Tausch. — Toute la région jusqu'au rivage de l'océan. Forêts. V.

57. **C. panicea** L. — Toute la région jusqu'à Kola et Archangel. VI.

V. SPARSIFLORA Staud. Kola.

58. **C. livida** Wahl. — Laponie (Fellm.). Terre des Samojèdes (Schrenk.).

59. **C. pedata** Wahl. — Laponie (Fellm). Petschora.

60. **C. frigida** All. — Laponie (Fellm.).

61. **C. misandra** R. Br. (*C. frigida* All. ?). — Le haut nord. Waigatsch, Nowaja-Zemlja. (Traut.).

62. **C. ustulata** Wahl. — Laponie. (Nyland.).

63. **C capillaris** L.— Toute la région jusqu'au rivage de l'océan. Prés humides. V.

64. **C. rariflora** Smith. — Laponie, Nowaja-Zemlja, Ourals (67°).

65. **C. laxa** Wahl. — Laponie. (Fellm.).

66. **C. flava** L. — Toute la région jusqu'à Kildin et Kola. Prés humides. V.

67. **C. rotundata** Wahl.— Laponie ; Mezen, Indiga, Waigatsch.

68. **C ericetorum** Pall. — De l'Oustjoug et Jarensk jusqu'au rivage de l'océan. Forêts, lieux sablonneux, fréq. V.

69. **C. globularis** L. — Toute la région jusqu'à l'océan, sans compter les grandes îles. Prés humides. V, VI.

70. **C. subspathacea** (Fl. Dan.) — Le rivage de l'océan (Nyl.).

71. **C. pallescens** L.— Toute la région jusqu'à l'océan. Prés. V.

72. **C. limosa** L. — Toute la région jusqu'à la Laponie du sud. Tourbières. V.

73. **C. irrigua** Smith. — Toute la région jusqu'à l'océan. Ourals (62 1/4°). Tourbières. V.

74. **C. pulla** Good. — Le haut nord : Kildin, Imandra, Kanin, Nowaja-Zemlja, Chabarowo.

75. **C. saxatilis** Wahlenb. (*C. rigida* Good.) — Le haut-nord : Kola, Nowaja-Zemlja, Petschora. Ourals. (67°).

76. **C. caespitosa** L. — Toute la région jusqu'à l'Océan. Prés humides. V.

77. **C. turfosa** Fries. — Wologda, Oustjoug ; prés humides. VI.

78. **C. vulgaris** Fries. — Toute la région jusqu'à l'Océan. Prés, forêts, fréq. V.

V. LEIOCARPA Fr., MINUTA Fr., SABULOSA Meinsh et JUNCELLA.

79. **C. stricta** Good. — Toute la région jusqu'à Ponoj. Tourbières. VI.

80. **C. aquatilis** Wahl. — Toute la région, excepté Nowaja-Zemlja. Marais. VI.

V. PAUCIFOLIA F. Nyl. Laponie ; VIRESCENS Anders, le rivage de la mer ; CUSPIDATA Wbg. *Ibid.* ; v. EPIGEIOS Laest. Waigatsch.

81. **C. salina** Wahl. — Le rivage de l'Océan : Kola, Ponoj (Fellm.)

V. PUMILA Blyt. Kola; v. SUBSPATHACEA Worms; Laponie, Nowaja-Zemlja; v. HALOPHILA Nyl. Kola; v. NANA Traut. Nowaja-Zemlja.

82. **C. maritima** (Fl. Dan.) — Le rivage de la mer Blanche; (Nyl.) Archangel.

83. **C. acuta** L. — Toute la région, sans excepter Nowaja-Zemlja. Bords des rivières, prés inondés, fréq. V.

V. PATULA et PROLIXA Fries.

84. **C. paludosa** Good. — Toute la région jusqu'à Archangel. Terre des Samojèdes. Bords des eaux. V.

V. KOCHIANA DC. Grjazowets.

85. **C. vesicaria** L. — Toute la région jusqu'à Archangel.Terre des Samojèdes.

V. VIRENS F. Nyl., V. ALPIGENA Fr. Kola.

86. **C. ampullacea** Good. — Toute la région jusqu'à Mourman; Terre des Samojèdes, Waigatsch. Prés humides, marais, fréq. V.

V. BRUNESCENS Anders. Kola; V. BOREALIS Laest. Imandra.

87. **C. rhynchophyza** C. A. Mey. — Toute la région jusqu'à l'Océan. Ourals (66°). Marais. VI.

88. **C. hirta** L. — Toute la région jusqu'à Archangel. Lieux sablonneux. VI.

V. HIRTAEFORMIS Pers. Partout.

89. **C. filiformis** L. — Toute la région jusqu'à l'Oumba, Imandra, Archangel. Tourbières, fréq. V.

XCI. GRAMINEAE.

1. **Nardus stricta** L. — Toute la région jusqu'à Kildin. Onéga, Archangel. Prés secs, forêts, très fréq. V, VI.

2. *Hordeum vulgare* L. — Cultivé entre 67 et 65 1/2°, vers l'Orient, entre 66° et 65°.

3. **Elymus arenarius** L. — Le haut-nord, vers le sud jusqu'à Archangel. VI, VII.

4. *Secale cereale* L. — Cultivé vers le nord jusqu'à 65° et 65 1/2°.

5. **Triticum caninum** Schreb. — Toute la région jusqu'à Touloma. Prés inondés. VI. VII.

6. **Tr. repens** L. — Toute la région jusqu'à Kola et Mezen. Prés, dans les villes, très fréq. VI, VII.

V. ARISTATUM Rchb. Wologda; LEERSIANUM Rchb. *Ibid.*, DUMETORUM Rchb. Partout; ARVENSE Rchb. Oustjoug.

7. **Tr. violaceum** Horn. — Kola, Ponoj (Fellm.)

8. *Tr. vulgare* L.— Cultivé dans le gouvern. de Wologda.

9. **Lolium perenne** L. — Wologda, prés, pas fréq. (!) Archangel (Beketoff.) Non vid.

10. **L. arvense** Schrad. — Wologda, Grjazowets, Kadnikow, Oustjoug (Opoki) VI. Parmi *Linum usitatissimum*.

11. **L. temulentum** L. — Wologda, Grjazowets, Kadnikow, parmi *Avena sativa*, pas fréq. Archangel (Beketoff), non vid. VI.

12. **Brachypodium pinnatum** P. B. — Wologda (Fortounatoff), non vid ; Kadnikow (Snjatkoff). Forêts, rare. VII.

13. **Festuca ovina** L. — Toute la région, sans exclure Nowaja-Zemlja. Forêts, prés secs, fréq. VI.

14. **F. duriuscula** L. — Partie méridionale du gouvern. de Wologda. Prés. VI.

15. **F. rubra** L. (*F. arenaria* Osb.) — Toute la région, sans exclure Kalgoujew et Nowaja-Zemlja. Prés secs, forêts. VI.

V. VILLOSA Koch, partout ; NEMORALIS Meinsh. Wologda.

16. **F. elatior** L. (*F. pratensis* Huds.) — Toute la région jusqu'au rivage de la mer Blanche. Prés, bords des rivières, fréq. VI, VII.

V. LOLIACEA Koch. Wologda.

17. **F. gigantea** Vill. — Kadnikow, forêts ombreuses (Mejakoff.) Non vid.

18. **Bromus inermis** Leyss. — Toute la région jusqu'à Keret et Archangel. Prés, fréq. VI, VII.

V. GRANDIFLORA Rupr. Archangel, bords de Belaja ;

V. ARISTATUS Trin., partout.

19. **Br. arvensis** L. — Toute la région jusqu'à Archangel. Parmi *Secale cereale* VI, VII.

20. **Br. secalinus** L. — *Idem*.

21. **Briza media** L. — Toute la région jusqu'à Archangel. Prés secs. VI, VII.

22. **Dactylis glomerata** L. — Toute la région jusqu'à Archangel. Prés, jardins, très fréq. VI, VII.

23. **Poa alpina** L. — Jarensk, Petschora ; Laponie, Mezen, Kalgoujew, Nowaja Zemlja, Ourals (67 1/2°). Collines. VI, VII.

V. LAPPONICA Laest, Laponie ;

24. **P. bulbosa** L. — Terre des Samojèdes (Schrenk).

25. **P. compressa** L. — Toute la région jusqu'à Archangel. Prés. VI.

V. LANGEANA Rchb. Oustjoug.

26. **P. arctica** R. Br. — Le haut nord : Kalgoujew, Kanin, Nowaja-Zemlja, Waigatsch, Chabarowo.

27. **P. caesia** Sm. — Kola ; Ponoj (Fellm.)

28. **P. fertilis** Host (*P. serotina* Ehrh). — De Krjazowets jusqu'à l'Oustjoug. Forêts humides. VI, VII.

29. **Poa nemoralis**. L. — Toute la région jusqu'au rivage de l'Océan. Forêts, prés, fréq, VI, VII.

V. VULGARIS Koch ; FIRMULA, RIGIDULA et UMBROSA.

30. **Poa annua** L. — Toute la région jusqu'à Imandra et Ponoj. Prés, dans les villes, fréq. V-IX.

V. VARIA Gaud. Partout.

31. **Poa pratensis** L. — Toute la région, sans exclure Nowaja-Zemlja, prés. VI, VII.

V. ANCEPS Gaud ; ANGUSTIFOLIA L.; PRATICOLA Meinsh. Oustjoug; HUMILIS Ehrh., partout ; RINGENS Laest. Kola; HIANTA Laert. Mourman ; ALPIGENA Fr.

32. **Poa trivialis** L. — Toute la région jusqu'à Imandra, Solowetsk, Archangel, Terre des Samojèdes. Prés. VI. VII.

33. **Poa sudetica** Haenk. — Wologda, Nikolsk, Oustjoug. Forêts. VI.

34. **Colpodium fulvum** Led. — Le haut nord : Mourman, Mezen, Kalgoujew, Indiga.

35. **C. pendulinum** Led. -- Mourman ; Kalgoujew (Fellm., Rupr.).

36. **C. latifolium** R. Br. ; — Nowaja-Zemlja, Waigatsch, Chabarowo (Kjelm.)

37. **Dupontia fischeri** R. Br. — Kanin, Nowaja-Zemlja, Waigatsch. Terre des Samojèdes jusqu'à l'Oural.

38. **D. psilosantha** Rupr. — Kalgoujew (Rupr.)

39. **Catabrosa algida** Fries. — Le haut nord : Mourman, Kanin, Kalgoujew, Nowaja-Zemlja.

40. **C. concinna** Fries. — Waigatsch, Chabarowo (Kjellm.)

41. **Glyceria spectabilis** M. et K. — Toute la région jusqu'à Archangel. Marais. VI.

42. **Gl. distans** Rchb. — Toute la région jusqu'au rivage de l'Océan : Mourman, Archangel, Indiga. Lieux humides. VI.

V. PULVINATA Fr. Laponie.

43. **Gl. fluitans** R. Br. — Toute la région jusqu'à Archangel. Lieux humides. VI,

44. **Gl. remota** Fries. — Toute la région jusqu'à Schenkoursk. Forêts humides. VI.

45. **Gl. aquatica** Presl. (*Catabrosa aq.* P. B.) — Toute la région jusqu'à Archangel. Indiga. Lieux humides. VII.

46. **Gl. Kjellmani** I. Lge. — Nowaja-Zemlja. (Beketoff).

47. **Gl. vahliana** Fries. — *Idem.*

48. **Gl. vilfoides** I. Lge. — *Idem.*

49. **Gl. tenella** I. Lge. — Nowaja - Zemlja, Waigatsch (Beketoff).

50. **Gl. vaginata** f. *conferta* Lge. — Waigatsch (Beketoff.)

51. **Phragmites communis** Trin. — Toute la région jusqu'à l'Océan et Archangel.

Dans les ruisseaux et lacs. VII, VIII.

52. **Molinia caerulea** Much. — Toute la région du lac Koubenskoje jusqu'à Kola, pas fréq. VI.

53. **Melica nutans** L. — Toute la région jusqu'à Kola. Solowetsk, Archangel. Forêts, prés, fréq. VI.

54. **Triodia decumbens** P. de B. — Archangel (Bohuslav.)

55. **Koeleria hirsuta** Good. — Près Ourals (68°) (Schrenk.)

56. **Pleuropogon sabinii** R. Br. — Nowaja-Zemlja, Waigatsch (Trautv., Kjellm.)

57. **Hierochloa odorata** Wahlb. (*H. borealis* R. et Sch.) — Toute la région jusqu'à la Laponie. Archangel, Kouja, Ourals (67°). Prés humides. V, VI.

58. **H. pauciflora** R. Br.— Nowaja-Zemlja, Waigatsch (Traut., Kjellm.)

59. **H. alpina** R. et Sch. — Le haut nord : Ponoj, Indiga, Nowaja-Zemlja, Waigatsch, Ourals (vers le sud jusqu'au gouvern. de Perm) VI.

60. **Anthoxanthum odoratum** L. — Toute la région jusqu'à l'océan. Ourals. Prés, forêts, très fréq. V.

61. *Avena sativa* L. — Cultivé jusqu'à 63 1/4° (Kouznetzoff.)

62. **Avena fatua** L. — Toute la région jusqu'à Kholmogory. Parmi l'*Avena sativa*, l'*Hordeum vulgare*, pas fréq. VI.

63. **Av. flavescens** L. — De Grjaozwets jusqu'à l'Oustjoug; vers l'orient jusqu'aux bords de Petschora. Marais, prés humides. VI.

64. **Av. ruprechtii** Gries. — Kanin, Indiga, Ourals. Collines. VI.

65. **Av. subspicata** Clair. — Le haut nord : Ponoj, Indiga, Nowaja-Zemlja.

66. **Deschampsia alpina** R. et Schult. — Nowaja-Zemlja (Kjellm.)

67. **D. flexuosa** Trin. — Toute la région jusqu'à Kola. Archangel. Terre des Samojèdes. Ourals (63°) Prés. VI.

68. **D. caespitosa** P. de B. — Toute la région, excepté Nowaja-Zemlja. Prés, forêts. VI, VII.

V. PALLIDA Hartm. Partout; BOREALIS Trautv. Waigatsch; *brevifolia* Traut. Now. Zemlja.

69. **Calamagrostis silvatica** L. — Toute la région jusqu'à Schenkoursk. Forêts. VI. VII.

V. VIRIDULA Meinsh. Wologda.

70. **C. deschampsioides** Trin. — Laponie (Fellm., Rupr.)

71. **C. neglecta** Gærtn. (*C. stricta* Trin.) — Toute la région jusqu'à l'Océan. Kalgoujew. Marais, forêts humides, fréq. VI, VII.

V. LAXA Led. Wologda; STRICTA Trin; OBSCURA Meinsh. Grjazowets.

72. **C. lapponica** Trin.— Laponie (Kihlmann.)

73. **C. halleriana** DC. — Toute la région jusqu'à Schenkoursk, pas fréq. Forêts. VII.

74. **C. phragmitoides** Hartm. — Wologda, Nikolsk, Jarensk. Forêts. VII.

75. **C. lanceolata** Roth. — Toute la région jusqu'à Archangel. Marais. VII, VIII.

76. **C. epigejos** Roth. — Toute la région jusqu'à Archangel. Forêts. VI, VII.

77. **Cinna suaveolens** Rupr. — Wologda. Forêts humides (Snjatkoff.)

78. **Agrostis stolonifera** Roth. (*A. alba* L.) — Toute la région jusqu'à Kola et Indiga. Prés. VII, VIII.

79. **A. vulgaris** With. — Toute la région jusqu'à Oumba et Kola. Prés humides. VI, VII.

80. **A. alpina** Scop. — Mourman. VI.

81. **A. rupestris** All. — Laponie (Fries).

82. **A. canina** L. — Toute la région jusqu'à l'Océan. Prés humides. VI, VII.

83. **A. rubra** L. — Toute la région jusqu'à Kola et Ponoj. Prés. VI, VII.

V. MINOR Hartm., V. HYPERBOREA Laest.

84. **Apera spica-venti** P. B. — Toute la région jusqu'à Archangel. Champs et près des habitations. VII, VIII.

85. **Milium effusum** L. — Toute la région jusqu'à Kola, Ponoj, Archangel. Forêts humides. VI.

86. **Phalaris arundinacea** L. — Toute la région jusqu'à Kandalakscha et Mezen. Forêts VI.

87. **Phleum boehmeri** Wib.— Archangel (Beketoff) Non vid. Dub.

88. **P. pratense** L. — Toute la région jusqu'à Kola et Archangel. Prés. VI.

V. BREVISPICA. Wologda.

89. **P. alpinum** L.— Jarensk, Ourals (63°); Laponie; Archangel. VI.

90. **Alopecurus alpinus** Sm. — Terre des Samojèdes, Waigatsch, Nowaja-Zemlja.

91. **Al. pratensis** L. — Toute la région, excepté Nowaja-Zemlja. Ourals (63°); bords d'Oussa. Prés. V, VI.

92. **Al. nigricans** Horn. (*A. ruthenicus* Weinm.) — Toute la région, sans exclure Nowaja-Zemlja. Prés. VI, VII.

93. **Al. geniculatus** L. — Toute la région jusqu'à Mourman et Archangel. Forêts humides, marais. V, VI.

94. **Al. fulvus** Sm. — Toute la région jusqu'à Imandra. Marais. VI, VII.

95. **Setaria viridis** P. de B. — Wologda, Oustjoug. VII.

XCII. CUPRESSINEAE.

1. **Juniperus communis** — Toute la région jusqu'au rivage de l'océan.

2. **J. nana** Willd. — *Idem.*

XCIII. ABIETINEAE.

1. **Pinus silvestris** L. — Toute la région. Jusqu'à Kola.

2. **P. cembra** L. — Entre Timan et Ourals dans le gouvern. de Wologda.

3. **Abies sibirica** Led. — Vers le nord jusqu'à 64°.
4. **Picea vulgaris** Link. — Toute la région jusqu'à Kola.
5. **P. obovata** Led. — Toute la région jusqu'à Kanin, Mezen, Indiga, Poustozersk.
6. **Larix sibirica** Led. — Toute la région de Oustjoug jusqu'au rivage de l'océan.

Plantae cryptogamae

XCIV. EQUISETACEAE.

1. **Equisetum arvense** L. — Toute la région jusqu'au rivage de l'océan, Ourals (67°). Champs, très fréq.
2. **E. silvaticum** L. — Toute la région, sans exclure Nowaja-Zemlja. Forêts, fréq.
3. **E. pratense** L. — Toute la région jusqu'à 66°. Forêts, prés, très fréq.
4. **E. palustre** L. — Toute la région jusqu'au rivage de l'océan. Prés humides, marais, très fréq.
5. **E. limosum** L. — Toute la région jusqu'à Kola, Archangel. Marais.
6. **E. hyemale** L. — *Idem*. Forêts sèches.
7. **E. variegatum** Schleich. — Laponie (Ledebour).
8. **E. scirpoides** Mich. — Kadnikow, Slwytschegodsk. Vers le nord jusqu'au rivage de l'océan. Ourals. Marais.
9. **Isoetes lacustris** L. — Laponie (Wahlenberg).
10. **Is. echinospora** Dur. — Laponie (Fellm.) Schenkoursk (Kouznetzoff).

XCV. LYCOPODIACEAE.

1. **Lycopodium selago** L. — Toute la région jusqu'à l'océan. Tourbières, forêts.
2. **L. annotinum** L. — *Idem*. Forêts.
3. **L. alpinum** L. — Mourman, Solowetsk, Kandalakscha, Terre des Samojèdes, Kouja.
4. **L. complanatum** L.— Toute la région jusqu'à l'océan. Forêts.
5. **L. clavatum** L. — *Idem*.
6. **Selaginella spinosa** N. de B. — Kadnikow, Welsk. Laponie. Bords de Pijma (distr. Mezen) (Yiljakoff), Prés humides, tourbières.

XCVI. FILICES.

1. **Ophioglossum vulgatum** L. — Toute la région jusqu'à l'Onéga. Tourbières, pas fréq.
2. **Botrychium virginianum** Swartz. — Wologda, Nikolsk, Kadnikow, Welsk, Jarensk. Forêts, collines, assez rare.
3. **B. simplex** Hitsch. — Oustjoug, près de la ville, 1 fois. (!)
4. **B. rutaefolium** A. Br. — Toute la région jusqu'au rivage de l'océan. Prés, lisières, fréq.
5. **B. lunaria** Swart. — *Idem*. Très fréq.
6. **B. matricariaefolium** A. Br.— Wologda, prés secs, très rare (Snjatkoff).

7. **B. tripartitum** Willd. — Kandalakscha (Rupr.)

8. **B. lanceolatum** Rupr. — Bords de la mer Blanche (Rupr.)

9. **Polypodium vulgare** L.— Wologda (Fortounatoff;) Solwytschegodsk; Archangel; Laponie, Forêts, très rare.

10. **Phegopteris polypodioides** Fée. (*Polypodium phegopteris* L). — Toute la région jusqu'à l'océan. Forêts humides.

11. **Ph. dryopteris** Fée. — *Idem*.

12. **Polypodium rhaeticum** L. — Mourman. Bords de la mer Blanche.

13. **Allosurus crispus** Bernh. — Bords de Petschora, dans le gouvern. de Wologda.

14. **All. stelleri** Rupr. — Monts Ourals dans le gouvern. de Wologda.

15. **Pteris aquilina** L. — De Kadnikow jusqu'à l'Oustjoug et Solwytschegodsk. Collines, fréq.

16. **Asplenium viride** Huds. — Bords de Petschora, Ourals (dans le gouv. de Wologda).

17. **A. filix femina** Bernh. — Toute la région jusqu'à Mourman. Ourals. Forêts, fréq.

18. **A. crenatum** Fries.— De Nikolsk vers le nord, jusqu'à Kandalakscha. Forêts, assez fréq.

19. **Aspidium lonchitis** Sw. — Kandalakscha, Solowetsk.

20. **Polystichum thelipteris** Sw. — Toute la région jusqu'à Archangel. Forêts.

21. **P. cristatum** Rth. — Toute la région jusqu'à Schenkoursk. Marais, fréq.

22. **P. filix mas** Rth. — Toute la région jusqu'à Archangel. Forêts.

23. **P. spinulosum** DC. — Toute la région jusqu'à Mourman et Mezen. Forêts.

24. **P. dilatatum** Sw. — Wologda, Nikolsk, Ourals (63°). Forêts.

25. **Cystopteris fragilis** Bernh. — Toute la région, sans exclure Nowaja-Zemlja. Forêts, collines.

26. **C. montana** Link. — Bords de Petschora dans le gouvern. de Wologda. Forêts.

27. **C. sudetica** A. Br.— Schenkoursk et Kholmogory (Kouznetzoff).

28. **Woodsia ilvensis** R. Br.— Bords de Petschora (Mont Broussjanaja, Sablja, etc.) dans le gouvern. de Wologda, Oumba, Nowaja-Zemlja.

29. **W. hyperborea** R. Br. — Monts Ourals dans le gouvern. de Wologda, Kandalakscha.

30. **W. glabella** R. Br. — Monts Ourals (gouv. de Wologda).

31. **Struthiopteris germanica** Willd. — Toute la région jusqu'à l'Onéga et Archangel. Forêts, fréq.

N. IVANITSKY

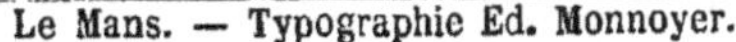

Le Mans. — Typographie Ed. Monnoyer.

www.ingramcontent.com/pod-product-compliance
Lightning Source LLC
LaVergne TN
LVHW012021160826
845678LV00002B/964